Made in the USA
Monee, IL
23 April 2022

95301809R00057